# BEI GRIN MACHT SICH IHR WISSEN BEZAHLT

- Wir veröffentlichen Ihre Hausarbeit, Bachelor- und Masterarbeit

- Ihr eigenes eBook und Buch - weltweit in allen wichtigen Shops

- Verdienen Sie an jedem Verkauf

Jetzt bei www.GRIN.com hochladen und kostenlos publizieren

Manuela Ickler

# Einführung Addition Subtraktion

GRIN Verlag

**Bibliografische Information der Deutschen Nationalbibliothek:**

Die Deutsche Bibliothek verzeichnet diese Publikation in der Deutschen National-
bibliografie; detaillierte bibliografische Daten sind im Internet über http://dnb.d-
nb.de/ abrufbar.

**Impressum:**

Copyright © 2004 GRIN Verlag GmbH
Druck und Bindung: Books on Demand GmbH, Norderstedt Germany
ISBN: 978-3-638-65555-2

**Dieses Buch bei GRIN:**

http://www.grin.com/de/e-book/40511/einfuehrung-addition-subtraktion

Universität zu Köln
Heilpädagogisch-rehabilitationswissenschaftliche Fakultät
Seminar für Lernbehindertenpädagogik

9173 **Mathe in der Schule für Lernbehinderte**

SS 2004

Thema der Hausarbeit:

# Einführung der Addition und Subtraktion

Abgabedatum: 17.08.2004

Manuela Ickler

Fachsemester: 5

# Inhaltsverzeichnis

# 1 Einleitung: Voraussetzungen für das mathematische Lernen

Für einen gelungenen, erfolgreichen Mathematikunterricht müssen drei Komponenten beachtet werden, die grundlegend wichtig sind. Diese drei sind die Fachwissenschaft Mathematik, gesellschaftlich-pädagogische Bedingungen und die persönlichen Lernvoraussetzungen der Schüler[1]. Dabei ist darauf zu achten, dass immer alle drei Dimensionen berücksichtigt werden und ein Gleichgewicht zwischen ihnen herrscht. Überbetonung bzw. Vernachlässigung können Lernprozesse erschweren (vgl. Lauter 1991, S. 13).

In diesem Grundsatz wird bereits der Stellenwert psychologischer Untersuchungen und Erkenntnisse für mathematische Lernprozesse deutlich. Lernen ist immer von vielfältigen, inneren wie äußeren, Faktoren bestimmt. Je mehr der Lehrer, und auch der Schüler, darüber weiß, umso besser können Lernprozesse angeregt und arrangiert werden.

Mit der kognitiven Entwicklung des Kindes hat sich der Schweizer Kognitionspsychologe Jean Piaget stark beschäftigt. Er entwickelte zusammen mit seinen Mitarbeitern die sog. Stufentheorie. Sie besagt, dass die psychologische Entwicklung des Kindes in Stufen verläuft. Jede Stufe ist an typischen Merkmalen der inneren Organisation zu erkennen. Außerdem nahm Piaget an, dass alle Kinder diese Stadien in gleicher Reihenfolge durchlaufen. Der Übergang von einer Stufe zur nächsten sei durch eine Umorganisation der vorhandenen und durch Hinzufügen neuer Schemata gekennzeichnet (vgl. ebd., S. 15).

Seine berühmten Experimente führte Piaget in den 1950er und 60er Jahren durch, aus deren Ergebnissen er Stadien der kindlichen Entwicklung ableitete (vgl. Devlin 2002, S. 45).

So untersuchte er z.B. vierjährige Kinder im Hinblick auf die Entwicklung ihres Zahlensinns. Dazu baute er vor dem Kind zwei Reihen auf, eine Reihe mit Flaschen und eine mit Gläsern. Dabei lag eine eins-zu-eins-Zuordnung vor, d.h. die Anordnung war so gewählt, dass jeder Flasche ein Glas zugeordnet

---

[1] In dieser Arbeit ist immer die männliche als auch die weibliche Form gemeint (ebenso bei „Lehrer" u.ä.)

war, die Anzahl der Elemente also identisch war. Dann wurden die Kinder gefragt, ob die beiden Reihen gleich viel seien. Die Kinder bestätigten dies. Im Anschluss daran, zog Piaget die Gegenstände der einen Reihe vor den Augen der Kinder auseinander und stellte die Frage erneut. Nun antworteten die Kinder, in der längeren Reihe seien mehr Gegenstände. Aus diesen und ähnlichen Beobachtungen schloss Piaget, dass bei vier- bis fünfjährigen Kindern noch kein Zahlensinn vorläge. In ihren Vorstellungen gäbe es noch keine Invarianz der Zahl, die Kinder seien noch nicht in der Lage eine Menge unabhängig von der Anordnung ihrer Elemente zu begreifen (vgl. Piaget/Szeminska 1969, S. 63/64).

Piagets Erkenntnisse fanden großen Anklang und galten als wissenschaftliche Durchbrüche. Seine Einflüsse prägten stark die Vorstellungen darüber wie Kinder lernen und bestimmten wichtige didaktische Prinzipien für den Unterricht (besonders für die Primarstufe) (vgl. Devlin 2002, S. 13). So wird seit Piaget der Handlungsaspekt im Mathematikunterricht besonders betont, weil man davon ausgeht, dass man aus konkreten Handlungen leichter Operationen ableiten kann (s. das operative Prinizip, S. 5).

Heute ist die Interpretation dieser Ergebnisse umstritten. Die Folgerung Piagets scheint auf den ersten Blick einsichtig, allerdings können die Ergebnisse auch durch andere Faktoren als den fehlenden Zahlensinn begründet sein. Eine Erklärung wäre, dass vier- bis fünfjährige Kinder sich darüber bewusst sind, dass Erwachsene mehr wissen als sie selbst, sie erkennen Erwachsene als Autoritäten an. Stellt der Testleiter dem Kind nun die gleiche Frage mehrmals, schließt das Kind daraus, dass seine erste Antwort, nämlich dass beide Reihen gleich viele Elemente enthalten, falsch sein muss. Wäre sie richtig gewesen, würde die Frage nicht erneut gestellt werden. Daher gibt das Kind nun eine andere, falsche Antwort (vgl. Devlin 2002, S. 47/48).

So könnte man aus Piagets Experimenten den Schluss ziehen, dass Kinder dieses Alters sich Gedanken über Motive und Erwartungen Erwachsener machen. Es ist aber nicht möglich, damit sicher auf einen fehlenden Zahlensinn zu schließen.

## 2 Hauptteil: Einführung der Addition und Subtraktion

Zum Einstieg möchte ich auf eine grundlegende Fragestellung hinweisen, die sich bei jeder Einführung in eine neue Rechenart ergibt. Die Lehrperson muss sich entscheiden, ob er zur Einführung ein Normalverfahren verwendet oder den Schülern die Freiheit gibt, eigene Lösungswege zu entdecken. Diese notwendige Entscheidung war schon immer ein Streitpunkt wie sich in einem historischen Rückblick feststellen lässt. Die beiden Positionen lassen sich gut anhand der folgenden Zitate gegenüber stellen.

Für das Normalverfahren plädierte Büttner 1910 mit folgenden Worten:

„Es gibt bei jeder Rechnungsart ein Verfahren, das immer zum Ziel führt, ganz unabhängig von der zufälligen Beschaffenheit der Zahlen. Wir nennen es das Normalverfahren. Auch wo dem Lehrer verschiedene Wege gangbar erscheinen, muss er sich für einen derselben entscheiden. Es wäre verkehrt bei der ersten Einführung in eine neue Rechenart gleich die ersten Aufgaben auf möglichst verschiedene Weise lösen zu lassen. (...) Wenn die Schüler zur Sicherheit im Normalverfahren gelangt sind, dann können wir sie auf einer späteren Stufe auch auf andere Wege verweisen" (zit. nach Lauter 1991) Büttner ist also der Auffassung, der richtige Weg sei es, dem Schülern ein Verfahren zu vermitteln, das sicher zum Erfolg führt. Wenn der Schüler dieses Normalverfahren beherrscht, kann der Lehrer ihn auf andere Lösungswege als Alternativen hinweisen. Damit will Büttner sicherstellen, dass jeder Schüler das Handwerkszeug besitzt, eine Aufgabe richtig zu lösen.

Demgegenüber steht die Möglichkeit der eigenen Lösungswege, die 1919 von Kühnel vertreten wurde. „Wir wollen kein Normalverfahren den Kindern aufnötigen. Nicht darauf kommt es an, dass das Kind einen bestimmten Weg gehen lernt (...), sondern dass es seinen Weg allein zu suchen und zu finden weiß. (...) Selbstverständlich ist damit nicht gesagt, dass man die Kinder sich gewöhnen lassen soll an Umwege, im Gegenteil, sie werden nur so lange Umwege gehen dürfen, bis ihnen ein starkes Gefühl für die Annehmlichkeit des kürzeren Weges möglich ist" (zit. nach Lauter 1991).

Die Vertreter dieses Weges sind der Meinung, dass man den Bedürfnissen, den Lernvoraussetzungen und den individuellen Denkweisen der Schüler nicht gerecht wird, indem man jedem von ihnen das gleiche Verfahren versucht zu vermitteln. Stattdessen treten sie dafür ein, dass der Lehrer den Schülern die Chance bietet, sich auf ihren eigenen Wegen mit dem Lernstoff und dem Problem auseinander zu setzen. So sollen die Schüler zu einer zu ihnen passenden Einsicht in die Strukturen und Lösungsmöglichkeiten gelangen. Hat der Lerner schließlich das Problem erkannt und seinen Aufbau entschlüsselt, erst dann stellt der Lehrer das Normalverfahren zur Verfügung. Zu diesem Zeitpunkt sind die Schüler so weit, dass sie dieses Verfahren verstehen und seine Vorteile gegenüber ihren eigenen gewählten Lösungswegen erkennen können. Nach Kühnel werden die Schüler auf Grund dieses Einsehens dann das Normalverfahren von sich anwenden und als Lösungsstrategie verwenden.

## 2.1 Mathematisch-didaktische Prinzipien

Im Folgenden werde ich nun einige Prinzipien für den Mathematikunterricht anführen. Dabei besteht weder Anspruch auf Vollständigkeit noch auf Allgemeingültigkeit. Sie sollen eine exemplarische Auswahl von Regeln zur Gestaltung von Unterricht sein. Welches Prinzip die Lehrkraft wann, in welcher Klasse und zu welchem Thema anwendet, bleibt im konkreten Fall natürlich immer noch ihr selbst überlassen.

### 2.1.1 Das operative Prinzip

Die Grundlage dieses Prinzips stellt die Psychologie Piagets dar. Im Laufe der Zeit wurden Piagets Gedanken weiterentwickelt und verändert.
Der zentrale Begriff der Operation bedeutet in diesem Kontext „verinnerlichte Handlung". Nicht die Handlung selbst ist eine Operation, sondern deren „Abkömmlinge", wie Piaget es nannte, also die Strukturen, die die Handlung im Kopf repräsentieren. Operationen entstehen aus Handlungen, indem sie innerlich ablaufen können und somit nicht an den konkreten Vollzug der Handlung gebunden sind (vgl. Lauter 1991, S. 61).

Operationen lassen sich an drei charakteristischen Eigenschaften erkennen:

1. Kompositionsfähigkeit: Operationen können zu Gruppen zusammengesetzt werden und Operationssysteme bilden
2. Assoziativität: bei der Zusammensetzung der einzelnen Operationen zu Systemen spielt die Reihenfolge keine
   Rolle
3. Reversibilität: die Reversibilität ist das Merkmal, an dem sich
   eine Operation am leichtesten erkennen lässt. Sie
   bedeutet, dass eine Operation umkehrbar ist (so
   sind z.b. Addition und Subtraktion eindeutig Operationen, da sie sich gegenseitig umkehren, also
   rückgängig machen).

Auf dieser Grundlage hat Aebli Regeln zur Organisation schulischer Lernprozesse formuliert. Danach gehen Lernprozesse, die nach dem operativen
Prinzip organisiert sind von konkreten Handlungen und Situationen aus. Die-
se werden schrittweise verinnerlicht, wobei die Sprache als Hilfsmittel dient.
Anschließend findet eine Abstraktion der Handlungen zu Operationen statt,
die dann mit begrifflichen Mitteln des Schülers rekonstruiert werden. Danach
werden die Operationen durchgearbeitet und schließlich wieder im konkreten
Bereich angewendet (vgl. Lauter 1991, S. 61).
Das folgende Beispiel soll das operative Prinzip verdeutlichen.
Entscheidet die Lehrkraft sich für das operative Prinzip, um die Addition und
Subtraktion einzuführen, so werden die Rechenarten nicht als getrennt von-
einander gesehen, sondern als gegenseitige Umkehrung. Addition und Sub-
traktion werden also gleichzeitig eingeführt, um dieses Verhältnis der beiden
Operationen zueinander zu zeigen.
Eine konkrete Aufgabe könnte aussehen wie folgt:
Peter hat eine Lokomotive. Um eine Zug zu bilden, hängt er fünf Personen-
waggons an, anschließend noch zwei Güterwaggons. Nun hat er einen Zug
mit sieben Waggons. Die entsprechende Additionsaufgabe dazu lautet
$5 + 2 = 7$.

Dann hängt er die zwei Güterwaggons wieder ab. Übrig bleiben die fünf Personenwaggons. Die hierzu passende Subtraktionsaufgabe lautet 7 – 2 = 5.

Peter kann aber auch zuerst die zwei Güterwaggons anhängen und anschließend die fünf Personenwaggons, wodurch sich die Aufgabe 2 + 5 = 7 ergibt.

Jetzt kann Peter zunächst die fünf Personenwaggons abkoppeln und dann die zwei Güterwaggons. Dies ist durch die Aufgabe 7 – 5 = 2 darzustellen (vgl. Lauter 1991, S. 62).

Es wird deutlich, dass der Schüler bei dieser Aufgabenstellung die Addition und Subtraktion gleichzeitig kennen lernt und sie als Umkehrung voneinander begreifen soll.

Dieses Vorgehen widerspricht allerdings anderen Prinzipien, die in der Schule für Lernbehinderte einen hohen Stellenwert haben. So findet weder das Prinzip des Vorgehens in kleinsten Schritten noch das der Isolation von Schwierigkeiten Berücksichtigung. Stattdessen stößt der Schüler natürlich mit diesem Sprung in den neuen Lernstoff auf eine Fülle von Schwierigkeiten auf einmal.

Dieses Problem bekräftigt den Hinweis zu Beginn dieses Abschnitts (s. S. ), der dafür plädiert, dass das richtige Vorgehen nur anhand der konkreten Situation entschieden werden kann.

## 2.1.2 Das Aufbauprinzip

Dienes bezeichnet dieses Prinzip auch als das Prinzip vom konstruktiven Denken. Er weist damit auf ein grundsätzliches Problem der Mathematik hin. Wir fassen Mathematik heute i.d.R. deduktiv auf. Deduktiv bedeutet, dass man vom Allgemeinen zum Speziellen geht, vom Übergeordneten zum Einzelfall, von oben nach unten. Konkret heißt das in der Mathematik, dass man von Axiomen und Definitionen ausgeht, um zu den konkreten Aufgaben zu kommen.

Diese Art des Denkens widerspricht dem kindlichen Denken, welches genau widersinnig, nämlich induktiv, organisiert ist. Kinder bauen sich aus einzelnen Erfahrungen und Eindrücken übergeordnete Strukturen auf. Dabei gehen sie nach dem trial-and-error-Verfahren vor, d.h. sie sammeln zunächst ungeordnet einzelne Erfahrungen und erkennen in dieser Summe eine zu Grunde liegende Regel. Das Allgemeine wird aus einzelnen Komponenten zusammengesetzt.

Auf Grund dieser Annahmen favorisiert das Aufbauprinzip das Vorgehen nach dem entdeckenden Lernen (vgl. Lauter 1991, S. 65). Dabei wird die Lernumgebung so gestaltet, dass das Kind selbstständig Lernerfahrungen machen kann und aus diesen im Laufe des Prozesses der Auseinandersetzung mit dem Unterrichtsgegenstand die Regel entdeckt. Die Rolle des Lehrers ist nicht die des Wissensvermittlers. Vielmehr trägt er die Verantwortung für die Gestaltung der Lernsituationen.

Um auch dieses Prinzip mit einem praktischen Beispiel zu untermauern, führe ich folgende Aufgabe an: $27 + \_\_\_\_ < 45$. Nach dem Aufbauprinzip versuchen die Schüler die Lösungsmenge herauszufinden, indem sie zunächst relativ wahllos Zahlen einsetzen. Nach einigen Versuchen, werden sie feststellen, dass kleine Zahlen (z.B. 1, 2, 3) die Ungleichung erfüllen. Nun ergibt sich die Frage, bis zu welcher Zahl man fortfahren kann, anders gesagt: bis zu welcher Zahl kann ich in der Zahlenreihe fortschreiten, so dass die Ungleichung immer noch erfüllt wird. Durch testendes Einsetzen kommen die Schüler schließlich zur richtigen Lösungsmenge ($L = \{1, 2, 3, \dots 15, 16, 17\}$.

### 2.1.3 Das dynamische Prinzip

Das dynamische Prinzip ähnelt dem Aufbauprinzip. Es nimmt drei Phasen kindlichen Lernens an.

Zunächst gibt es eine vorbereitende Spielphase, in der sich das Kind spielerisch mit dem Lerngegenstand auseinandersetzt. Daran anschließend kommt die Phase des Bewusstwerdens der Struktur. Das Kind zieht ein Fazit aus seinen Lernerfahrungen, die es im Spiel gesammelt hat und erkennt eine Regel. Die dritte und letzte Phase umfasst die Formulierung der Gesetzmäßigkeit und dient darüber hinaus der Vertiefung und Übung (vgl. Lauter 1991, S.65).

## 2.1.4 Das Prinzip der Darstellungsformen

Das letzte mathematisch-didaktische Prinzip, das ich in dieser Arbeit vorstellen möchte, ist das wichtigste Prinzip, nämlich das der Darstellungsformen. Nach Bruner (vgl. Lauter 1991, S.69) sollte die Darstellung über drei Stufen verlaufen, die enaktive, ikonische und symbolische Stufe.

Auf der enaktiven Stufe wird der Sachverhalt handelnd dargestellt. Beispielsweise könnte man die Aufgabe 5 + 3 = 8 mit Äpfeln handelnd lösen. Dazu gibt man dem Kind zunächst fünf Äpfel, danach noch drei dazu. Das Kind sieht also den Ausgangszustand (fünf Äpfel) und kann die Addition der drei anderen Äpfel eigenaktiv vollziehen. Nach diesem Prozess ist der Endzustand (acht Äpfel) sichtbar. Auf dieser Ebene ist auch eine Kontrolle der Aufgabe möglich, indem das Kind die drei Äpfel wieder entfernen könnte, um sicher zu gehen, ob wirklich fünf Äpfel übrig bleiben.

Dieselbe Aufgabe auf der ikonischen Ebene würde nun nur noch abgebildet. Die Äpfel könnten als Kreise oder apfelähnliche Gebilde dargestellt werden. Die erhöhte Schwierigkeit hierbei zeigt sich darin, dass nun beide Zustände, Anfangs- und Endzustand, gleichzeitig dargestellt sind. Das Kind sieht auf einen Blick acht Äpfel, auch wenn diese durch ihre Anordnung oder etwa einen Strich in fünf und drei Äpfel geteilt sind.

Die schwierigste Darstellungsform ist die symbolische. Bei ihr wird der Sachverhalt durch abstrakte Symbole repräsentiert. Solche Symbole sind die Sprache oder in der Mathematik die Ziffern. Die Beispielaufgabe wird auf dieser Ebene wie folgt dargestellt: 5 + 3 = 8. Diese Form einerseits die schwierigste, andererseits aber auch die leistungsfähigste. Im Gegensatz zu der enaktiven und ikonsichen Darstellung ist die symbolische Ebene an keinen Zahlenraum gebunden. Die beiden erstgenannten sind aus rein praktischen Gründen auf eine begrenzte Größenordnung beschränkt.

Um lernschwachen Schülern Sicherheit im Umgang in den beschriebenen Stufen zu vermitteln, sind zwei Grundsätze besonders zu beachten.

Zum einen gilt die Regel, je größer die Schwierigkeiten eines Schülers, umso länger sollte er sich auf der enaktiven Ebene bewegen.

Zum anderen ist es sehr wichtig, die Übergänge zwischen den Stufen immer wieder zu üben. Dies kann jedoch sehr natürlich geschehen, da man auch Handlungen auf der enaktiven Stufe mit Sprache begleitet, womit man sich dann automatisch in der symbolischen Stufe befindet. Außerdem kann man mündliche Anweisungen und Aufgaben mit Gegenständen legen lassen oder als schriftliche Aufgabe notieren lassen. Dies ist selbstverständlich auch umgekehrt möglich. Auf diese Art und Weise sollen die Schüler befähigt werden, die Übergänge zwischen den Stufen zu bewältigen (vgl. Lauter 1991, S. 67-72).

## 2.2 Rechnen

### 2.2.1 Begriffsklärungen

Bevor ich auf die verschiedenen Formen des Rechnens eingehe, möchte ich kurz einige Begriffe klären, die in diesem Zusammenhang oft auftauchen.

Unter dem sog. Kopfrechnen versteht man ein Rechnen ohne Notationen oder Hilfsmittel, die Aufgabe wird nur im Kopf gelöst.

Bei dem halbschriftlichen Rechenverfahren werden Zwischenschritte und – ergebnisse schriftlich festgehalten. Man bezeichnet dieses Vorgehen auch als gestütztes Kopfrechnen.

Schriftliches Rechnen bedeutet, dass die Aufgabe nach einem vorgeschriebenen Verfahren verschriftlicht wird. Hierbei ist ein Normalverfahren anzustreben, das auch nach den Lehrplänen Ziel des Mathematikunterrichts ist (vgl. Radatz 1983, S. 42).

### 2.2.2 Mündliches Rechnen

#### 2.2.2.1 Rechnen mit Primitivformen

Jeder Mensch beginnt das Rechnen mit den sog. Primitivformen. Bei dieser Bezeichnung ist der Begriff ´primitiv´ nicht abwertend gemeint, sondern soll das Elementare dieses Rechnens betonen.

Auf der Stufe der Primitivformen werden arithmetische Operationen durch konkrete Modelle dargestellt. Es besteht also eine ausgeprägte Anschaulichkeit der Rechenoperationen. Hilfsmittel zur Darstellung sind beispielsweise Stäbe (etwa Cuisenairestäbe), Streifen, Punktbilder oder Zahlenbänder. Mit ihrer Hilfe werden die mathematischen Aufgaben handeln dargestellt.

Zu den Primitivformen zählt auch das sog. Fingerrechnen. Dieses Hilfsmittel ist ein umstrittenes Thema. Grundsätzlich ist jedoch gegen den Einsatz der Finger als Rechenhilfe nichts einzuwenden. Da sie immer zur Verfügung stehen, sind sie ein praktisches und einfaches Mittel. Schwierigkeiten treten aber auf, wenn der Schüler das Fingerrechnen in andere Rechenstufen mitnimmt. Dort stoßen die Schüler dann an die Grenzen des Fingerrechnens und Fehler entstehen. Daher ist es wichtig, dass der Schüler sich von dieser Primitivform löst und sie durch andere Lösungsstrategien ersetzt.

Vorteile der Primitivformen sind zum einen die große Anschaulichkeit und zum anderen die Kontrollmöglichkeit. Diese zeigt sich darin, dass die Handlung rückgängig gemacht werden kann und so eine Kontrolle der Rechnung und es Rechenweges möglich wird.

Ein Nachteil stellt die Materialgebundenheit dar, die mit sich bringt, dass sich der Schüler mit Hilfe der Primitivformen aus leicht einsehbaren praktischen Gründen nur in einem begrenzten Zahlenraum bewegen kann.

*2.2.2.2 Mechanisches Rechnen*

Unter mechanischem Rechnen versteht man die Abrufbarkeit einfacher Rechensätze. Jeder Erwachsene ist in der Lage das Ergebnis einfacher Aufgaben wie $2 \cdot 5$ ohne zu überlegen zu nennen, die Aufgabe und das richtige Ergebnis sind im Gedächtnis gespeichert.

Dieses auswendige Wissen bietet den Vorteil der Zeitersparnis durch die schnelle Verfügbarkeit von Rechensätzen. Außerdem ist das mechanische 'Rechnen' voraussetzungslos, d.h. der Schüler benötigt keinerlei Verständnis oder Einsicht in die Struktur und Lösung der Aufgabe.

Hierin liegt aber gleichzeitig ein großer Nachteil, nämlich die Fehleranfälligkeit. Da keine Kontrolle erfolgt, werden die Ergebnisse einfach angenommen und nicht überprüft. Dadurch werden Fehler nicht entdeckt und mitgezogen.

Ein anderer Schwachpunkt des mechanischen Rechnens ist die benötigte Gedächtnisleistung. Da alle Aufgaben und Ergebnisse gespeichert werden müssen, hat jeder Mensch nur einen begrenzten Umfang solcher Aufgaben zur Verfügung, je nach Gedächtnisleistung mehr oder weniger (vgl. Lauter 1991, S. 207).

### 2.2.2.3 Rechnen durch Zurückführen auf andere Aufgaben

Diese Rechenform erfordert eine hohe Sicherheit im Rechnen, da der Schüler verschiedene Strategien kennen und gegeneinander abwägen können muss, so dass er erkennt, welche Strategie sich für die konkrete Aufgabe anbietet.

So kann man auf das Kommutativgesetz (a + b = b + a) zurückgreifen, um Aufgaben, bei denen der erste Summand kleiner als der zweite ist, zu lösen.

Das Assoziativgesetz besagt, dass man die Summanden einer Aufgabe unterschiedlich zusammenfassen kann, ohne dass sich das Ergebnis ändert: a + (b + c) = (a + b) + c. Die Anwendung dieser Rechenregel eignet sich für Aufgaben mit Zehnerüberschreitung, also z.B. 8 + 7 = 8 + 2 + 5 = 10 + 5 = 15.

Ein anderer Weg ist das Zurückgreifen auf dekadische Analogien. Diese besagen, dass in jedem Zehner so gerechnet wird wie im ersten. Weil der Schüler weiß, dass 3 + 5 = 8, kann er die Aufgabe 73 + 5 = 78 leichter lösen.

Als letztes Beispiel für das Zurückführen auf andere Aufgaben möchte ich auf die sog. Nachbaraufgaben hinweisen und dieses Prinzip an einem Beispiel deutlich machen. Die Aufgabe 29 + 6 lässt sich lösen, indem man stattdessen 30 + 6 rechnet, was einfacher ist, da man von einem vollen Zehner ausgeht. Von dem Ergebnis muss dann 1 subtrahiert werden und man erhält 35 (vgl. Lauter 1991, S. 208).

Die Anwendung solcher Strategien erleichtert das Rechen enorm. Es erfordert aber wie bereits erwähnt die Fähigkeit, geeignete Lösungswege zu erkennen. Diese Fähigkeit ist bei rechenschwachen und lernbehinderten Schülern jedoch meist nicht vorhanden. Im Gegenteil, je schwächer das mathematische Verständnis ausgebildet ist, umso mehr wendet der Schüler nur eine Strategie an, die er beherrscht. Oft ist diese die einzige, die er anwenden kann oder er kann nicht die Vor- und Nachteile anderer Lösungswege abwägen. Daher kann man sagen, dass diese Rechenform des Zurückführens auf andere Aufgaben nur für ohnehin schon rechenstarke Schüler in Frage kommt.

### 2.2.3 Schriftliches Rechnen

Zunächst ist wichtig festzuhalten, dass das schriftliche Rechnen prinzipiell anders ist als das mündliche Rechnen. Diese Tatsache zeigt sich darin, dass die Schüler beim schriftlichen Rechnen Fehler begehen, die sie beim mündlichen Rechnen nicht machen würden. So werden beispielsweise Stellenwerte plötzlich nicht mehr beachtet und die Mengenvorstellung scheinbar ausgeschaltet, wie dies in dem folgenden Beispiel deutlich wird:

```
   51
+ 417
_____
   68
```

Dieses immer wieder zu beobachtende Phänomen wird erklärt, indem man davon ausgeht, dass beim Erlernen des schriftlichen Rechnens das Verfahren anfangs so stark im Vordergrund steht, dass die Bedeutung der Ziffern und Zahlen nicht beachtet wird.

Da der Übergang zum schriftlichen Rechnen einen großen Schritt für den Schüler darstellt, sollte man darauf achten, dass einige Voraussetzungen unbedingt erfüllt sind. Dazu gehören die Kenntnis der Grundvorstellungen in den Grundrechenarten Addition und Subtraktion, die Kenntnis und der Umgang mit Stellenwerten sowie die mechanische Beherrschung des 1und1 und des Ergänzens.

Außerdem sollte die Lehrperson bei der Einführung schriftlicher Verfahren besonders gut durchdachte Prinzipien wählen, um den Schülern das Verfahren vermitteln zu können.

Um noch einmal auf die Anfangsfrage der Normalverfahren bzw. der eigenen Lösungswege zurückzukommen, ist es durchaus nicht ausgeschlossen, den Schülern die Möglichkeit zu bieten, zunächst eigene Verfahren zur Lösung der schriftlichen Verfahren zu entdecken. Unerlässlich ist es jedoch am Ende die Beherrschung der Normalverfahren sicherzustellen. Auf dieser Lernstufe sind keine Alternativen mehr erlaubt (vgl. Lauter 1991, S. 213/214).

## 2.3 Einführung der verschiedenen Aufgabentypen

Die Additions- bzw. Subtraktionsaufgaben sollten so eingeführt werden, dass sich der Grad der Schwierigkeit stetig erhöht. Daher folgt man dabei einem festgelegten Schema, das im Folgenden dargestellt wird:

1. Z + Z
2. ZE + E          (ohne Zehnerüberschreitung)
3. ZE + E          (mit Zehnerüberschreitung)
4. ZE + Z
5. ZE + ZE       (ohne Zehnerüberschreitung)
6. ZE + ZE = Z
7. ZE + ZE       (mit Zehnerüberschreitung)

Bei der Einführung der Subtraktionsaufgaben ist das gleiche stufenförmige Vorgehen notwendig.

# 3 Schluss: Ein Blick in die Praxis

Um diese Arbeit durch einen praxisbezogenen Teil zu ergänzen, entwickelte ich einen Fragebogen (siehe Anhang), der die mathematischen Lernvorraussetzungen für das Erlernen der Addition und Subtraktion zum Gegenstand hat.

Der Bogen bestand aus zwei Teilbereichen. Zum einen wurden die Lehrpersonen nach ihrer Einschätzung gefragt, in welchem Ausmaß verschiedene Lernvorraussetzungen zum Erlernen der Addition und Subtraktion bei ihren Schülern vorhanden sind.

Zum anderen sollten sie diese aufgeführten Fähigkeiten hinsichtlich ihrer Wichtigkeit für den Erwerb der Addition und Subtraktion bewerten.

Beide Fragen waren durch die Vergabe von 1 bis 5 Punkten zu beantworten.

Der Fragebogen wurde an sechs Schulen in Rheinland-Pfalz und Nordrhein-Westfalen per Post verschickt. In dem Anschreiben wurde eine kurze Erklärung des Zweckes dieser Umfrage gegeben. Außerdem lag ein frankierter Rückumschlag bei, so dass keine Kosten für die Schulen entstehen würden.

Trotz dieser Umstände haben leider nur drei Schulen ausgefüllte Bögen zurückgesendet. Daher ist die Zahl der befragten Personen sehr gering und die Daten stützen sich auf die Angaben von 14 Lehrern[2].

Die Ergebnisse der Untersuchung werden in der folgenden Tabelle im Überblick dargestellt.

Um die Verteilungen der gegebenen Punkte besser zu verdeutlichen, wurde die Angabe in Prozent gewählt.

---

[2] Nicht alle Lehrer haben alle Fragen beantwortet. Das erklärt die variierenden Prozentzahlen in der Tabelle (s.u.).

**1. Wie schätzen Sie die Kenntnisse der Schüler/innen in den folgenden Bereichen *vor* der Einführung der Addition und Subtraktion ein?**

1: nicht vorhanden
2: ansatzweise vorhanden
3: in ausreichendem Maß vorhanden
4: gute Kenntnisse
5: sehr gute Kenntnisse

Tabelle 1

| | 1 Punkt | 2 Punkte | 3 Punkte | 4 Punkte | 5 Punkte |
|---|---|---|---|---|---|
| Mengen erfassen | 0 % | 36 % | 43 % | 21 % | 0 % |
| Größen erfassen | 0 % | 31 % | 61 % | 8 % | 0 % |
| Mengen/Größen vergleichen | 0 % | 43 % | 43 % | 14 % | 0 % |
| Umgang mit Gewichten und Mengen | 31 % | 61 % | 8 % | 0 % | 0 % |
| Erkennen von Ordnungen nach Merkmalen (Klassifizierung) | 0 % | 54 % | 38 % | 8 % | 0 % |
| Zählen im Zahlenraum bis 5 | 0 % | 0 % | 42 % | 38 % | 20 % |
| Zählen im Zahlenraum bis 10 | 0 % | 15 % | 23 % | 47 % | 15 % |
| Zählen im Zahlenraum bis 20 | 7 % | 36 % | 36 % | 14 % | 7 % |
| Einordnen von größer/kleiner im Zahlenraum bis 5 | 0 % | 15 % | 55 % | 15 % | 15 % |
| Einordnen von größer/kleiner im Zahlenraum bis 10 | 0 % | 30 % | 38 % | 23 % | 7 % |
| Einordnen von größer/kleiner im Zahlenraum bis 20 | 20 % | 47 % | 27 % | 0 % | 6 % |

## 2. Wie gewichten Sie die genannten Voraussetzungen?

1: unwichtig
2: eher unwichtig
3: eher wichtig
4: wichtig
5: sehr wichtig

Tabelle 2

|  | 1 Punkt | 2 Punkte | 3 Punkte | 4 Punkte | 5 Punkte |
|---|---|---|---|---|---|
| Mengen erfassen | 0 % | 0 % | 0 % | 22 % | 78 % |
| Größen erfassen | 0 % | 0 % | 14 % | 14 % | 72 % |
| Mengen/Größen vergleichen | 0 % | 0 % | 0 % | 22 % | 78 % |
| Umgang mit Gewichten und Mengen | 0 % | 14 % | 22 % | 14 % | 50 % |
| Erkennen von Ordnungen nach Merkmalen (Klassifizierung) | 0 % | 0 % | 14 % | 36 % | 50 % |
| Zählen im Zahlenraum bis 5 | 0 % | 0 % | 7 % | 14 % | 79 % |
| Zählen im Zahlenraum bis 10 | 0 % | 0 % | 14 % | 22 % | 64 % |
| Zählen im Zahlenraum bis 20 | 0 % | 14 % | 29 % | 7 % | 50 % |
| Einordnen von größer/kleiner im Zahlenraum bis 5 | 0 % | 0 % | 14 % | 7 % | 79 % |
| Einordnen von größer/kleiner im Zahlenraum bis 10 | 0 % | 0 % | 14 % | 22 % | 64 % |
| Einordnen von größer/kleiner im Zahlenraum bis 20 | 0 % | 29 % | 14 % | 7 % | 50 % |

Wie man der Tabelle 1 entnehmen kann, sind kaum eindeutige Schwerpunkte in der Einschätzung der vorhandenen Fähigkeiten den Schülern zu sehen. Das liegt darin begründet, dass in den Klassen die Leistungsschere sehr stark geöffnet ist, d.h. es sind enorme Fähigkeitsunterschiede vorhanden.

Diese Rückmeldung habe ich auch von einigen Lehrern erhalten, die sich schwer damit taten, ihre Klasse im Allgemeinen einzuschätzen, weil die Streuung der Leistungen so breit ist.

Beim Erfassen von Mengen, Größen und im Umgang mit ihnen ist eine Verteilung im Mittelfeld zu erkennen. Das bedeutet, dass keine Schüler in die

Extreme „nicht vorhanden" oder „sehr gute Kenntnisse" eingestuft wurden, sondern sich relativ gleichmäßig verteilt zwischen diesen beiden Positionen bewegen. In allen drei Punkten schätzen deutlich über 70% der befragten Lehrer diese Fähigkeiten jedoch als sehr wichtig ein.

Betrachtet man Kenntnisse im Umgang mit Mengen und Gewichten werden immerhin 31% das Fehlen jeglicher Kenntnisse attestiert, die meisten Schüler zeigen ansatzweise Kenntnisse. Hierbei ist die Gewichtung nicht so eindeutig, die Wichtigkeiten dieser Fähigkeiten sind breiter gestreut, die Mehrheit hält sie aber für sehr wichtig. Auch hier sind die Schwerpunkte in den beiden Tabellen verschoben, die tatsächlich vorhandenen Kenntnisse weichen relativ stark ab vom gewünschten Idealzustand.

Das gleiche Bild bietet sich bei der Klassifizierung, also dem Ordnen nach Merkmalen. Auch hier schätzen die Hälfte aller Lehrer die Fähigkeit als sehr wichtig ein, die tatsächlich vorhandenen Kenntnisse sind bei der Mehrheit jedoch nur ansatzweise zu finden, die gewünschten sehr guten Kenntnisse zeigt kein Schüler.

Beim Zählen in den Zahlenräumen bis fünf, zehn und 20 zeigt sich ein anderes Verhältnis. Diese Fähigkeiten werden als sehr wichtig bewertet, werden aber auch von einigen Schülern sehr gut beherrscht, das Gros der Schüler hat mittelmäßige bis gute Kenntnisse.

Hierbei ist jedoch zu bedenken, dass Zählen nicht gleichzusetzen ist mit dem Angeben, wie viele Elemente eine Menge hat. Dies ist eine Tatsache, das Zählen hingegen ist ein Prozess. In ihm wird die Menge zunächst strukturiert und anschließend der Reihe nach abgezählt.

Die meisten Kinder können bereits im Vorschulalter bis fünf oder zehn zählen in dem Sinne, dass sie die Zahlen in der richtigen Reihenfolge aufsagen können. Das bedeutet aber nicht, dass das Kind darin eine Bedeutung sieht. Dazu muss es verstehen, dass Zahlen Symbole sind, die für eine bestimmte Menge stehen. Der Knackpunkt daran ist, dass es dabei nicht auf die Beschaffenheit der Elemente ankommt, die die Menge bilden.

Geht es um das Einordnen von größer und kleiner in den genannten Zahlenräumen, schätzen ebenso viele Lehrer dies als sehr wichtig ein wie das Zählen, die vorhandenen Fähigkeiten der Schüler zeigen jedoch eine etwas schlechtere Ausprägung, hier finden sich 20%, die keine Kenntnisse besitzen.

Zusammenfassend lässt sich sagen, dass alle aufgeführten Fähigkeiten von 50% bis 80% der befragten Lehrer als sehr wichtig eingeschätzt werden. Als unwichtig wurde keine der Kenntnisse gewertet. Daran wird deutlich, dass eine Fülle von Fähigkeiten zum erfolgreichen Erwerb der Addition und Subtraktion beiträgt und diesen Schritt in die Grundrechenarten erst ermöglicht.

Was außerdem klar zu sehen ist, ist die Tatsache, dass in fast allen Bereichen die vorhandenen Fähigkeiten der Schüler abweichen von den zu wünschenden Kenntnissen. Die Schule kann also nicht von den Kenntnissen ausgehen, sondern ist gezwungen erst einmal Grundlagen zu legen, Wurde dies bisher versäumt muss es nachgeholt werden, um den Schülern den Einstieg in das additive und subtraktive Denken vorzubereiten und zu ermöglichen.

# 4 Literaturverzeichnis

Devlin, K. (2002): Das Mathe-Gen oder wie sich das mathematische Denken entwickelt und warum Sie Zahlen ruhig vergessen können. 2. Aufl. Stuttgart

Lauter, J. (1991): Fundamentum der Grundschulmathematik. Pädagogisch-didaktische Aspekte des Mathematikunterrichts in der Grundschule. Donauwörth

Piaget, J., Szeminska, A. (1969): Die Entwicklung des Zahlbegriffs beim Kinde. 2. Aufl. Ludwigsburg

Radatz, H./Schipper, W. (1983): Handbuch für den Mathematikunterricht an Grundschulen. Hannover

# 5 Anhang

Fragebogen zu Lernvoraussetzungen für die Einführung der Addition und Subtraktion

# Fragebogen

**Thema:** Lernvoraussetzungen für die Einführung der Addition und Subtraktion

1. Wie schätzen Sie die Kenntnisse der Schüler/innen in den folgenden Bereichen *vor* der Einführung der Addition und Subtraktion ein?

*1: nicht vorhanden*　　　　　　　　　*4: gute Kenntnisse*

*2: ansatzweise vorhanden*　　　　　　*5: sehr gute Kenntnisse*

*3: in ausreichendem Maß vorhanden*

- Mengen erfassen　　　　　　　　　　　1 O　2 O　3 O　4 O　5 O

- Größen erfassen　　　　　　　　　　　1 O　2 O　3 O　4 O　5 O

- Mengen/Größen vergleichen　　　　　 1 O　2 O　3 O　4 O　5 O

- Umgang mit Gewichten und Mengen　1 O　2 O　3 O　4 O　5 O

- Erkennen von Ordnungen nach　　　　1 O　2 O　3 O　4 O　5 O

  Merkmalen　(Klassifizierung)

- Zählen im Zahlenraum bis 5　　　　　 1 O　2 O　3 O　4 O　5 O

  „　„10　　　　　　　　　　　　　　　　1 O　2 O　3 O　4 O　5 O

  „　„20　　　　　　　　　　　　　　　　1 O　2 O　3 O　4 O　5 O

- Einordnen von größer/kleiner

  im Zahlenraum bis　　　5　　　　　　 1 O　2 O　3 O　4 O　5 O

  „　„　　　　　　　　　10　　　　　　　1 O　2 O　3 O　4 O　5 O

  „　„　　　　　　　　　20　　　　　　　1 O　2 O　3 O　4 O　5 O

1

## 2. Wie gewichten Sie die genannten Voraussetzungen?

*1:* unwichtig

*2:* eher unwichtig

*3:* eher wichtig

*4:* wichtig

*5:* sehr wichtig

- Mengen erfassen                     1 O   2 O   3 O   4 O   5 O

- Größen erfassen                       1 O   2 O   3 O   4 O   5 O

- Mengen/Größen vergleichen       1 O   2 O   3 O   4 O   5 O

- Umgang mit Gewichten und Mengen   1 O   2 O   3 O   4 O   5 O

- Erkennen von Ordnungen nach

   Merkmalen (Klassifizierung)         1 O   2 O   3 O   4 O   5 O

- Zählen im Zahlenraum bis    5       1 O   2 O   3 O   4 O   5 O

   „                        „10      1 O   2 O   3 O   4 O   5 O

   „                        „20      1 O   2 O   3 O   4 O   5 O

- Einordnen von größer/kleiner

   im Zahlenraum bis    5        1 O   2 O   3 O   4 O   5 O

   „                        „10      1 O   2 O   3 O   4 O   5 O

   „                        „20      1 O   2 O   3 O   4 O   5 O